JIKKYO NOTEBOOK

# スパイラル数学Ａ　学習ノート

## 【場合の数と確率】

本書は，実教出版発行の問題集「スパイラル数学Ａ」の１章「場合の数と確率」の全例題と全問題を掲載した書き込み式のノートです。本書をノートのように学習していくことで，数学の実力を身につけることができます。

また，実教出版発行の教科書「新編数学Ａ」に対応する問題には，教科書の該当ページが示してあります。教科書を参考にしながら問題を解くことによって，学習の効果がより一層高まります。

## 目　次

## 1節　場合の数

### 1　集合と要素

SPIRAL A

**1**　10 以下の正の奇数の集合を $A$ とするとき，次の $\square$ に，$\in$，$\notin$ のうち適する記号を入れよ。

▶教 p.4 例1

*(1)　$3 \square A$　　(2)　$6 \square A$　　*(3)　$11 \square A$

**2**　次の集合を，要素を書き並べる方法で表せ。

▶教 p.5 例2

(1)　$A=\{x \mid x$ は 12 の正の約数$\}$

*(2)　$B=\{x \mid x>-3,\ x$ は整数$\}$

**3** 次の集合$A$，$B$について，$\boxed{\phantom{AA}}$に，⊃，⊂，＝のうち最も適する記号を入れよ。 ▶教p.6例3

*(1) $A=\{1,\ 5,\ 9\}$，$B=\{1,\ 3,\ 5,\ 7,\ 9\}$ について　$A\boxed{\phantom{AA}}B$

(2) $A=\{x\,|\,x$ は1桁(けた)の素数全体$\}$，$B=\{2,\ 3,\ 5,\ 7\}$ について　$A\boxed{\phantom{AA}}B$

*(3) $A=\{x\,|\,x$ は20以下の自然数で3の倍数$\}$，$B=\{x\,|\,x$ は20以下の自然数で6の倍数$\}$ について　$A\boxed{\phantom{AA}}B$

**4** 次の集合の部分集合をすべて書き表せ。 ▶教p.6例4

*(1) $\{3,\ 5\}$

*(2) $\{2,\ 4,\ 6\}$

(3) $\{a,\ b,\ c,\ d\}$

**5** $A=\{1,\ 3,\ 5,\ 7\}$,　$B=\{2,\ 3,\ 5,\ 7\}$,　$C=\{2,\ 4\}$ のとき，次の集合を求めよ。

▶教 p.7 例5

*(1) $A \cap B$

(2) $A \cup B$

*(3) $B \cup C$

(4) $A \cap C$

***6** $A=\{x \mid -3<x<4,\ x \text{ は実数}\}$，$B=\{x \mid -1<x<6,\ x \text{ は実数}\}$ のとき，次の集合を求めよ。

▶教 p.7 例6

(1) $A \cap B$

(2) $A \cup B$

**7** $U=\{1,\ 2,\ 3,\ 4,\ 5,\ 6,\ 7,\ 8,\ 9,\ 10\}$ を全体集合とするとき，その部分集合 $A=\{1,\ 2,\ 3,\ 4,\ 5,\ 6\}$，$B=\{5,\ 6,\ 7,\ 8\}$ について，次の集合を求めよ。 ▶教p.8例題1

*(1) $\overline{A}$

(2) $\overline{B}$

**8** $U=\{1,\ 2,\ 3,\ 4,\ 5,\ 6,\ 7,\ 8,\ 9,\ 10\}$ を全体集合とするとき，その部分集合 $A=\{1,\ 3,\ 5,\ 7,\ 9\}$，$B=\{1,\ 2,\ 3,\ 6\}$ について，次の集合を求めよ。 ▶教p.8例題1

*(1) $\overline{A\cap B}$

(2) $\overline{A\cup B}$

*(3) $\overline{A}\cup B$

(4) $A\cap\overline{B}$

## SPIRAL B

*9　次の集合を，要素を書き並べる方法で表せ。 ▶教p.5例2

(1)　$A=\{2x \mid x$ は1桁の自然数$\}$

(2)　$A=\{x^2 \mid -2 \leqq x \leqq 2,\ x$ は整数$\}$

**10**　次の集合 $A$，$B$ について，$A \cap B$ と $A \cup B$ を求めよ。 ▶教p.7例6

(1)　$A=\{n \mid n$ は1桁の正の4の倍数$\}$，　$B=\{n \mid n$ は1桁の正の偶数$\}$

*(2)　$A=\{3n \mid n$ は6以下の自然数$\}$，　$B=\{3n-1 \mid n$ は6以下の自然数$\}$

**11**　$U=\{x \mid 10 \leqq x \leqq 20,\ x$ は整数$\}$ を全体集合とするとき，その部分集合 $A=\{x \mid x$ は 3 の倍数，$x \in U\}$，　$B=\{x \mid x$ は 5 の倍数，$x \in U\}$ について，次の集合を求めよ。

▶教 p.8 例題1

*(1)　$\overline{A}$

(2)　$A \cap B$

*(3)　$\overline{A} \cap B$

(4)　$\overline{A} \cup \overline{B}$

## 2 集合の要素の個数

### SPIRAL A

*12 70 以下の自然数を全体集合とするとき，次の集合の要素の個数を求めよ。

(1) 7 の倍数　　(2) 6 の倍数 ▶教 p.10 例7

*13 $A=\{1,\ 3,\ 5,\ 7,\ 9\}$，$B=\{1,\ 2,\ 3,\ 4,\ 5\}$ のとき，$n(A\cup B)$ を求めよ。 ▶教 p.11 例8

14 80 以下の自然数のうち，次のような数の個数を求めよ。 ▶教 p.12 例題2

(1) 3 の倍数かつ 5 の倍数　　*(2) 6 の倍数または 8 の倍数

**15**　80 以下の自然数のうち，次のような数の個数を求めよ。 ▶教p.13例9

*(1)　8 で割り切れない数　　(2)　13 で割り切れない数

## SPIRAL B

**16**　100 以下の自然数のうち，3 の倍数の集合を $A$，4 の倍数の集合を $B$ とするとき，次の個数を求めよ。 ▶教p.12例題2

(1)　$n(A)$　　(2)　$n(B)$

*(3)　$n(A \cap B)$　　(4)　$n(A \cup B)$

***17** 100 人の生徒のうち，本 a を読んだ生徒は 72 人，本 b を読んだ生徒は 60 人，a も b も読んだ生徒は 45 人であった。このとき，次の人数を求めよ。 ▶教p.14応用例題1

(1) a または b を読んだ生徒　　(2) a も b も読まなかった生徒

***18** 全体集合 $U$ とその部分集合 $A$，$B$ について，$n(U)=50$，$n(A\cap B)=19$ のとき，$n(\overline{A}\cup\overline{B})$ を求めよ。

***19** 全体集合 $U$ とその部分集合 $A$，$B$ について，$n(U)=70$，$n(A)=30$，$n(B)=35$，$n(\overline{A\cup B})=10$ のとき，$n(A\cap B)$ を求めよ。

**20**　100 以下の自然数について，6 の倍数の集合を $A$，7 の倍数の集合を $B$ とするとき，次の個数を求めよ。

*(1)　$n(\overline{A \cup B})$　　(2)　$n(A \cap \overline{B})$

*(3)　$n(\overline{A} \cap \overline{B})$

**21**　60 以上 200 以下の自然数のうち，次のような数の個数を求めよ。

(1)　3 でも 4 でも割り切れる数

(2) 3と4の少なくとも一方で割り切れる数

*22 320人の生徒のうち，本aを読んだ生徒は115人，本bを読んだ生徒は80人であった。また，aだけを読んだ生徒は92人であった。aもbも読まなかった生徒の人数を求めよ。

▶教p.14応用例題1

## SPIRAL C

3つの集合の要素の個数

**例題 1** 300以下の自然数のうち，2または3または5で割り切れる数の個数を求めよ。

▶教p.15思考力✚

**考え方** 3つの集合の和集合の要素の個数について，次のことが成り立つ。

$$n(A \cup B \cup C)$$
$$= n(A) + n(B) + n(C) - n(A \cap B) - n(B \cap C) - n(C \cap A) + n(A \cap B \cap C)$$

**解** 300以下の自然数のうち，2，3，5の倍数の集合をそれぞれ$A$，$B$，$C$とすると

$n(A) = 150$,　$n(B) = 100$,　$n(C) = 60$

集合$A \cap B$は，2と3の最小公倍数6の倍数の集合であるから　$n(A \cap B) = 50$

同様に　$n(B \cap C) = 20$,　$n(A \cap C) = 30$,　$n(A \cap B \cap C) = 10$

であるから　$n(A \cup B \cup C) = 150 + 100 + 60 - 50 - 20 - 30 + 10 = 220$

よって，求める自然数の個数は**220個**である。 答

**23** 500 以下の自然数のうち，4 または 6 または 7 で割り切れる数の個数を求めよ。

**24** 40 人の生徒のうち，通学に電車を使う生徒は 25 人，バスを使う生徒は 23 人であった。電車とバスの両方を使う生徒の数を $x$ 人とするとき，$x$ の値のとり得る範囲を求めよ。

## 3 場合の数

### SPIRAL A

*25　500 円，100 円，50 円の 3 種類の硬貨がたくさんある。これらの硬貨を使って 1000 円を支払うには，何通りの方法があるか。ただし，使わない硬貨があってもよいものとする。

▶教 p.16 練習14

*26　大中小 3 個のさいころを同時に投げるとき，目の和が 7 になる場合は何通りあるか。

▶教 p.17 例10

*27　A，B の 2 チームが試合を行い，先に 3 勝した方を優勝とする。最初の 2 試合について，1 試合目は B が勝ち，2 試合目は A が勝った場合，優勝が決まるまでの勝敗のつき方は何通りあるか。ただし，引き分けはないものとする。

▶教 p.17 例題3

**28**　1個のさいころを2回投げるとき，次の場合の数を求めよ。 ▶教p.18練習17

*(1)　目の和が3の倍数になる　　(2)　目の和が7以下になる

***29**　パンが3種類，飲み物が4種類ある。この中からそれぞれ1種類ずつ選ぶとき，選び方は何通りあるか。 ▶教p.19練習18

***30**　ある車は車体の色を赤，白，青，黒，緑の5種類，インテリアをA，B，Cの3種類から選ぶことができる。車体の色とインテリアの組み合わせ方は何通りあるか。 ▶教p.19練習18

***31**　A 高校から B 高校への行き方は 5 通り，B 高校から C 高校への行き方は 4 通りある。A 高校から B 高校に寄って，C 高校へ行く行き方は何通りあるか。 ▶教p.20例11

**32**　大中小 3 個のさいころを同時に投げるとき，次の問いに答えよ。 ▶教p.20例題4

*(1)　大，中のさいころの目がそれぞれ偶数で，小のさいころの目が 2 以上となる出方は何通りあるか。

(2)　どのさいころの目も素数となる目の出方は何通りあるか。

## SPIRAL B

*33　500 円硬貨 1 枚，100 円硬貨 5 枚，10 円硬貨 4 枚で支払うことのできる金額は何通りあるか。ただし，0 円は数えないものとする。

*34　次の式を展開したとき，項は何項できるか。

(1)　$(a+b+c)(x+y+z+w)$

(2)　$(a+b)(p+q+r)(x+y+z+w)$

***35**　3 桁の正の整数のうち，次のものは何個あるか。

(1)　すべての位の数字が奇数

(2)　すべての位の数字が偶数

***36**　大中小 3 個のさいころを同時に投げるとき，次の問いに答えよ。

(1)　目の積が奇数となる目の出方は何通りあるか。

⑵　目の和が偶数となる目の出方は何通りあるか。

⑶　目の積が 100 を超える目の出方は何通りあるか。

**37**　A 市から B 市まで行くには，鉄道，バス，タクシー，徒歩の 4 通りの手段があり，B 市から C 市まで行くには，バス，タクシー，徒歩の 3 通りの手段がある。このとき，次の問いに答えよ。

⑴　A 市から B 市へ行って，再び A 市へもどるとき，同じ手段を使わない行き方は何通りあるか。

⑵　A 市から B 市を通って C 市まで行き，再び B 市へもどるとき，同じ手段を使わない行き方は何通りあるか。

**38** 出席番号が 1 番から 5 番までの生徒が，1 から 5 までの数字が 1 つずつ書かれた 5 枚のカードの中から 1 枚ずつ選ぶ。このとき，自分の出席番号と同じ数字を選ぶ生徒が 1 人だけである場合は何通りあるか。

**39** 次の数について，正の約数の個数を求めよ。 ▶教 p.21 応用例題2

(1) 27

(2) 96

*(3) 216

*(4) 540

# 4 順列

## SPIRAL A

**40** 次の値を求めよ。 ▶教p.23例12

*(1) ${}_4P_2$

(2) ${}_5P_5$

(3) ${}_6P_5$

*(4) ${}_7P_1$

***41** 5 人の中から 3 人を選んで 1 列に並べるとき，その並べ方は何通りあるか。 ▶教p.23例13

*42　1から9までの数字が1つずつ書かれた9枚のカードがある。このカードのうち4枚のカードを1列に並べてできる4桁の整数は何通りあるか。 ▶教p.23例13

43　次の選び方は何通りあるか。 ▶教p.24例14

(1)　12人の部員の中から部長，副部長を1人ずつ選ぶ選び方

(2)　9人の選手の中から，リレーの第1走者，第2走者，第3走者を選ぶ選び方

*(3)　12人の生徒の中から議長，副議長，書記，会計係を1人ずつ選ぶ選び方

***44**　1，2，3，4，5 の 5 つの数字を用いてできる 5 桁の整数は何通りあるか。ただし，同じ数字は用いないものとする。

▶教 p.24 例15

**45**　1 から 6 までの数字が 1 つずつ書かれた 6 枚のカードがある。このとき，次の問いに答えよ。

▶教 p.25 例題5

*(1)　このカードのうち 3 枚のカードを 1 列に並べて 3 桁の整数をつくるとき，3 桁の偶数は何通りできるか。

(2)　このカードのうち 4 枚のカードを 1 列に並べて 4 桁の整数をつくるとき，4 桁の奇数は何通りできるか。

***46**　7人が円形のテーブルのまわりに座るとき，座り方は何通りあるか。 ▶教p.28例16

**47**　次の問いに答えよ。 ▶教p.29例17

*(1)　6つの空欄に，○か×を1つずつ記入するとき，記入の仕方は何通りあるか。

□□□□□□

(2)　2人でじゃんけんをするとき，2人のグー，チョキ，パーの出し方は何通りあるか。

*(3)　1, 2, 3の3つの数字を用いてできる5桁の整数は何通りあるか。ただし，同じ数字を何回用いてもよい。

## SPIRAL B

*48　0から6までの数字が1つずつ書かれた7枚のカードがある。このカードのうち3枚のカードを1列に並べて3桁の整数をつくるとき，次のものは何通りできるか。　▶教p.26応用例題3

(1)　3桁の整数

(2)　3桁の奇数

(3)　3桁の偶数

(4)　3桁の5の倍数

***49** 男子 2 人と女子 4 人が 1 列に並ぶとき，次のような並び方は何通りあるか。

▶教 p.27 応用例題4

(1) 女子が両端にくる並び方

(2) 女子 4 人が続いて並ぶ並び方

(3) 男子 2 人が隣り合わない並び方

***50** SPIRAL の 6 文字を 1 列に並べるとき，次のような並べ方は何通りあるか。

(1) すべての並べ方

(2) SとLが両端にくる並べ方

(3) SとPが隣り合う並べ方

**51** 0，1，2，3 の 4 つの数字を用いてできる 4 桁の整数は何通りあるか。ただし，同じ数字を何回用いてもよい。

**52**　先生 2 人と生徒 4 人のあわせて 6 人が円形のテーブルのまわりに座るとき，次のような座り方は何通りあるか。

(1)　全員の座り方

(2)　先生 2 人が隣り合って座る座り方

(3)　先生 2 人が向かい合って座る座り方

## SPIRAL C

**53**　5 人が A，B の 2 つの部屋に分かれて入る方法は何通りあるか。ただし，5 人全員が同じ部屋には入らないものとする。

## 5 組合せ

### SPIRAL A

**54** 次の値を求めよ。 ▶教 p.31 例18

*(1) ${}_5C_2$

(2) ${}_6C_3$

*(3) ${}_8C_1$

(4) ${}_7C_7$

**55** 次の選び方は何通りあるか。 ▶教 p.31 練習32

*(1) 異なる 10 冊の本から 5 冊を選ぶ選び方

(2) 12 色のクレヨンから 4 色を選ぶ選び方

**56** 次の値を求めよ。 ▶教p.31例19

*(1) ${}_8\mathrm{C}_6$

(2) ${}_{10}\mathrm{C}_9$

*(3) ${}_{12}\mathrm{C}_{10}$

(4) ${}_{14}\mathrm{C}_{11}$

**57** 正五角形 ABCDE において，次のものを求めよ。 ▶教p.32例題6

*(1) 3 個の頂点を結んでできる三角形の個数

(2) 対角線の本数

*58 男子 7 人，女子 5 人の中から 5 人の役員を選ぶとき，男子から 2 人，女子から 3 人を選ぶ選び方は何通りあるか。 ▶教 p.32 例題7

59 次の問いに答えよ。 ▶教 p.34 例20

*(1) [1]と書かれたカードが 3 枚，[2]と書かれたカードが 2 枚，[3]と書かれたカードが 2 枚ある。この 7 枚のカードすべてを 1 列に並べる並べ方は何通りあるか。

(2) $a$，$a$，$a$，$a$，$b$，$b$，$c$，$c$ の 8 文字すべてを 1 列に並べる並べ方は何通りあるか。

## SPIRAL B

**60** 野球の試合で，8 チームが総当たり戦（リーグ戦）を行うとき，試合数は全部で何試合あるか。なお，総当たり戦とは，どのチームも自分以外の 7 チームと必ず 1 試合ずつ行う試合方法のことである。

**61** 男子 6 人，女子 6 人計 12 人の委員から，委員長 1 名，副委員長 2 名，書記 1 名を選びたい。副委員長 2 名は，必ず男女 1 名ずつになるような選び方は何通りあるか。

*62　男子 5 人，女子 7 人の中から 5 人の委員を選ぶとき，次のような選び方は何通りあるか。

(1)　男子から 2 人，女子から 3 人を選ぶ

(2)　特定の女子 A を必ず選ぶ

(3)　少なくとも 1 人は男子を選ぶ

***63** 8人を次のように分けるとき，分け方は何通りあるか。 ▶教p.33応用例題5

(1) 4人ずつA，Bの2つの部屋に分ける

(2) 2人ずつ4組に分ける

(3) Aの部屋に4人，Bの部屋に3人，Cの部屋に1人に分ける

(4) 4人，3人，1人の3組に分ける

(5) 3人，3人，2人の3組に分ける

***64**　JAPAN の 5 文字を 1 列に並べるとき，次のような並べ方は何通りあるか。

(1)　すべての並べ方

(2)　A または N が両端にくる並べ方

***65**　右の図のような道路のある町で，次の各場合に最短経路で行く道順は，それぞれ何通りあるか。

▶教 p.35 応用例題6

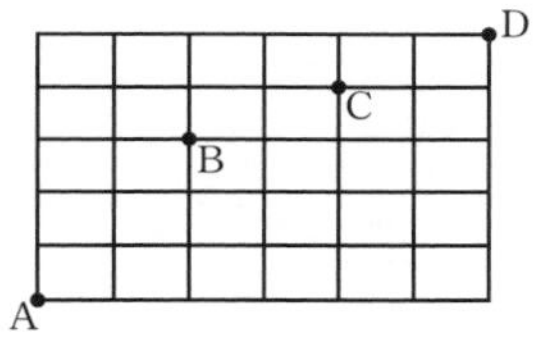

(1)　A から D まで行く道順

(2)　A から B を通って D まで行く道順

(3)　A から C を通って D まで行く道順

(4)　A から C を通らずに D まで行く道順

(5)　A から B を通り，C を通らずに D まで行く道順

**66**　右の図のように，6 本の平行な直線が，他の 7 本の平行な直線と交わっている。このとき，これらの平行な直線で囲まれる平行四辺形は，全部で何個あるか。

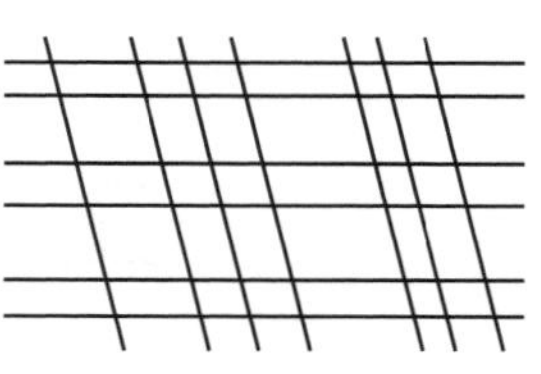

## SPIRAL C

文字の並べ方

**例題 2** SQUARE の 6 文字を 1 列に並べるとき，U，A，E については，左からこの順になるような並べ方は何通りあるか。

▶教 p.67 章末10

解　U，A，E の 3 文字を□で置きかえた　SQ□□R□
の 6 文字を並べかえ，□には左から順に U，A，E を入れると考えればよい。

←たとえば，□QR□□S は U QR A E S

よって，求める並べ方の総数は，□ 3 個を含む 6 個の文字の並べ方の総数と等しいので

$$\frac{6!}{3!1!1!1!} = \frac{6\cdot5\cdot4\cdot3\cdot2\cdot1}{3\cdot2\cdot1} = \mathbf{120}$$ **（通り）** 答

**67** PENCIL の 6 文字を 1 列に並べるとき，E，I については，左からこの順になるような並べ方は何通りあるか。

条件のついた最短経路

**例題 3** 右の図のような道路のある町で，A 地点から×印の箇所を通らないで B 地点まで行くとき，最短経路で行く道順は何通りあるか。

**解** ×印を通ることは，C と D の両方を通ることと同じである。

A から C まで行く道順は　$\dfrac{6!}{3!3!}=20$（通り）

D から B まで行く道順は　$\dfrac{4!}{1!3!}=4$（通り）

ゆえに，×印の箇所を通る道順は　$20\times4=80$（通り）

A から B までの道順の総数は　$\dfrac{11!}{5!6!}=462$（通り）

よって，×印の箇所を通らない道順は　$462-80=\mathbf{382}$ **（通り）** 答

**68** 右の図のような道路のある町で，A 地点から×印の箇所を通らないで B 地点まで行くとき，最短経路で行く道順は何通りあるか。

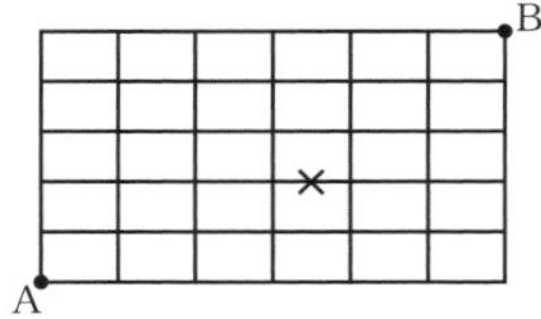

**69** 正七角形 ABCDEFG の 7 個の頂点のうち，3 個の頂点を結んでできる次のような三角形は何個あるか。

(1) 正七角形と 2 辺を共有する

(2) 正七角形と 1 辺だけを共有する

(3) 正七角形と辺を共有しない

重複を許す組合せ

**例題 4** A, B, C 3種類のジュースを売っている自動販売機で5本のジュースを買うとき，何通りの買い方があるか。ただし，同じ種類のジュースを何本買ってもよく，また，買わないジュースの種類があってもよいものとする。 ▶教p.36思考力✚

**考え方** 買い方の総数を次のようにして考えることができる。たとえば

A 2本，B 1本，C 2本　を　○○|○|○○

A 1本，B 0本，C 4本　を　○| |○○○○

A 2本，B 3本，C 0本　を　○○|○○○|

のように表すことにすると，ジュースの買い方と5個の○と2個の|の並べ方が，1対1に対応する。したがって，買い方の総数を求めるには，5個の○と2個の|の並べ方の総数を求めればよい。

**解** ジュースの買い方の総数は，5本のジュースを5個の○で表し，ジュースの種類の区切りを|で表したときの，5個の○と2個の|の並べ方の総数に等しいから

$$\frac{(5+2)!}{5!2!}=\mathbf{21}\ \textbf{(通り)}$$ 答

**補足** 異なる$n$個のものから重複を許して$r$個取る組合せの総数は，$r$個の○と$(n-1)$個の|の並べ方の総数に等しいから

$$\frac{\{r+(n-1)\}!}{r!(n-1)!}\qquad \text{すなわち}\quad {}_{n+r-1}C_r$$

**70** みかん，りんご，梨，柿の4種類の果物を用いて，果物6個を詰め合わせたバスケットをつくるとき，何通りのバスケットができるか。ただし，選ばない果物の種類があってもよいものとする。

**71**　オレンジ，アップル，グレープの 3 種類のジュースを売っている自動販売機で 6 本のジュースを買うとき，次の各場合の買い方は何通りあるか。

(1)　買わないジュースの種類があってもよい場合

(2)　どの種類のジュースも少なくとも 1 本は買う場合

**72**　$x+y+z=7$ を満たす $(x,\ y,\ z)$ のうち，次の各条件を満たすものは何組あるか。

(1)　$x$，$y$，$z$ が 0 以上の整数であるような $(x,\ y,\ z)$ の組

(2)　$x$，$y$，$z$ が自然数であるような $(x,\ y,\ z)$ の組

2節　確率

## 1 事象と確率

SPIRAL A

*73　1，2，3，4，5 の番号が 1 つずつ書かれた 5 枚のカードがある。この中から 1 枚引くという試行において，全事象 $U$ と根元事象を示せ。 ▶教p.39例1

74　1 個のさいころを投げるとき，次の確率を求めよ。 ▶教p.40例2

(1)　3 の倍数の目が出る確率

*(2)　5 より小さい目が出る確率

**75**　10 から 99 までの数が 1 つずつ書かれた 90 枚のカードから 1 枚のカードを引くとき，次の確率を求めよ。

▶教 p.40 例2

*(1)　3 の倍数のカードを引く確率

(2)　引いたカードの十の位の数と一の位の数の和が 7 である確率

***76**　赤球 3 個，白球 5 個が入っている袋から球を 1 個取り出すとき，白球が出る確率を求めよ。

▶教 p.41 例3

***77** 10円硬貨1枚と100円硬貨1枚を同時に投げるとき，2枚とも裏が出る確率を求めよ。

▶教 p.41 例題1

***78** 10円硬貨，100円硬貨，500円硬貨の3枚を同時に投げるとき，次の確率を求めよ。

▶教 p.41 例題1

(1) 3枚とも表が出る確率

(2) 2枚だけ表が出る確率

***79** 大小 2 個のさいころを同時に投げるとき，次の確率を求めよ。 ▶教p.42 例題2

(1) 目の和が 5 になる確率

(2) 目の和が 6 以下になる確率

***80** a, b, c を含む 6 人が 1 列に並ぶ。並ぶ順番をくじで決めるとき，左から 1 番目が a，3 番目が b，5 番目が c になる確率を求めよ。 ▶教p.43 例題3

## SPIRAL B

**81**　4枚の硬貨を投げるとき，3枚が表，1枚が裏になる確率を求めよ。

**82**　赤球4個，白球3個が入っている袋から，3個の球を同時に取り出すとき，次の球を取り出す確率を求めよ。

▶教 p.43 応用例題1

(1)　赤球3個

(2)　赤球2個，白球1個

***83**　3本の当たりくじを含む10本のくじがある。このくじから，2本のくじを同時に引くとき，次の確率を求めよ。

(1)　2本とも当たる確率

(2)　1本が当たり，1本がはずれる確率

**84** 大中小 3 個のさいころを同時に投げるとき，次の確率を求めよ。

(1) すべての目が 1 である確率

(2) すべての目が異なる確率

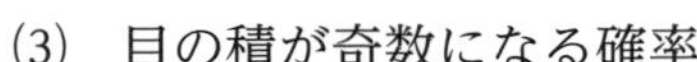
(3) 目の積が奇数になる確率

(4) 目の和が 10 になる確率

***85** 男子2人と女子4人が1列に並ぶとき，次の確率を求めよ。

(1) 男子が両端にくる確率

(2) 男子が隣り合う確率

(3) 女子が両端にくる確率

*86　1から7までの番号が1つずつ書かれた7枚のカードを1列に並べるとき，次の確率を求めよ。

(1)　左から数えて，奇数番目には奇数が，偶数番目には偶数がくる確率

(2)　奇数が両端にくる確率

(3)　3つの偶数が続いて並ぶ確率

**87** 男子 6 人と女子 2 人が，くじ引きで円形のテーブルのまわりに座るとき，次の確率を求めよ。

(1) 女子 2 人が隣り合って座る確率

(2) 女子 2 人が向かい合って座る確率

**88** ○か×かで答える問題が 5 題ある。でたらめに○×を記入したとき，ちょうど 3 題が正解となる確率を求めよ。

## ∵2 確率の基本性質

### SPIRAL A

*89　1個のさいころを投げるとき,「偶数の目が出る」事象を$A$,「素数の目が出る」事象を$B$とする。このとき，積事象$A \cap B$と和事象$A \cup B$を求めよ。 ▶教p.44例4

*90　1から30までの番号が1つずつ書かれた30枚のカードがある。この中からカードを1枚引く。次の事象のうち，互いに排反である事象はどれとどれか。 ▶教p.45例5

$A$：番号が「偶数である」事象　　$B$：番号が「5の倍数である」事象

$C$：番号が「24の約数である」事象

*91 各等の当たる確率が，右の表のようなくじがある。このくじを1本引くとき，次の確率を求めよ。 ▶教p.47 例6

| 1等 | 2等 | 3等 | 4等 | はずれ |
|---|---|---|---|---|
| $\frac{1}{20}$ | $\frac{2}{20}$ | $\frac{3}{20}$ | $\frac{4}{20}$ | $\frac{10}{20}$ |

(1) 1等または2等が当たる確率

(2) 4等が当たるか，またははずれる確率

92 大小2個のさいころを同時に投げるとき，目の差が2または4となる確率を求めよ。

▶教p.47 例6

***93** 男子 3 人，女子 5 人の中から 3 人の委員を選ぶとき，3 人とも男子または 3 人とも女子が選ばれる確率を求めよ。

▶教 p.47 例題4

***94** 1 から 30 までの番号が 1 つずつ書かれた 30 枚のカードがある。この中から 1 枚のカードを引くとき，引いたカードの番号が 5 の倍数でない確率を求めよ。

▶教 p.49 例7

## SPIRAL B

***95**　1 から 100 までの番号が 1 つずつ書かれた 100 枚のカードがある。この中から 1 枚のカードを引くとき，引いたカードの番号が 4 の倍数または 6 の倍数である確率を求めよ。

▶教 p.48 応用例題2

***96**　1 組 52 枚のトランプから 1 枚のカードを引くとき，「スペードである」事象を $A$，「絵札である」事象を $B$ とする。次の確率を求めよ。

▶教 p.48 応用例題2

(1)　$P(A \cap B)$

(2)　$P(A \cup B)$

**97** 51から100までの番号が1つずつ書かれた50枚のカードがある。この中から1枚のカードを引くとき，次の確率を求めよ。

(1) 3の倍数または4の倍数である確率

(2) 4の倍数または6の倍数である確率

(3) 2の倍数であるが3の倍数でない確率

**98** 赤球 4 個，白球 5 個が入っている箱から，3 個の球を同時に取り出すとき，少なくとも 1 個は白球である確率を求めよ。

▶教 p.50 応用例題3

***99** 当たりくじ 2 本を含む 12 本のくじから，3 本のくじを同時に引くとき，少なくとも 1 本は当たる確率を求めよ。

▶教 p.50 応用例題3

***100** a, b, c の 3 人がじゃんけんを 1 回するとき, 2 人だけが勝つ確率を求めよ。

▶教 p.51 応用例題4

***101** 赤球と白球が 3 個ずつ入っている袋から, 3 個の球を同時に取り出すとき, 次の確率を求めよ。

(1) 3 個とも同じ色の球を取り出す確率

(2) 少なくとも 1 個は赤球を取り出す確率

## 3 独立な試行とその確率

### SPIRAL A

*102　1個のさいころと1枚の硬貨を投げるとき，さいころは3以上の目が出て，硬貨は裏が出る確率を求めよ。 ▶教p.53 例8

103　1個のさいころを続けて3回投げるとき，次の確率を求めよ。 ▶教p.54 例9

*(1)　1回目に1，2回目に2の倍数，3回目に3以上の目が出る確率

(2)　1回目に6の約数，2回目に3の倍数が出る確率

***104**　大小 2 個のさいころを同時に投げるとき，どちらか一方だけに 3 の倍数の目が出る確率を求めよ。

▶教 p.54 例題5

***105**　1 枚の硬貨を続けて 6 回投げるとき，表がちょうど 2 回出る確率を求めよ。 ▶教 p.56 例題6

***106**　1 個のさいころを続けて 4 回投げるとき，3 以上の目がちょうど 2 回出る確率を求めよ。

▶教 p.56 例題6

***107**　1 個のさいころを続けて 5 回投げるとき，3 の倍数の目が 4 回以上出る確率を求めよ。

▶教 p.56 例題7

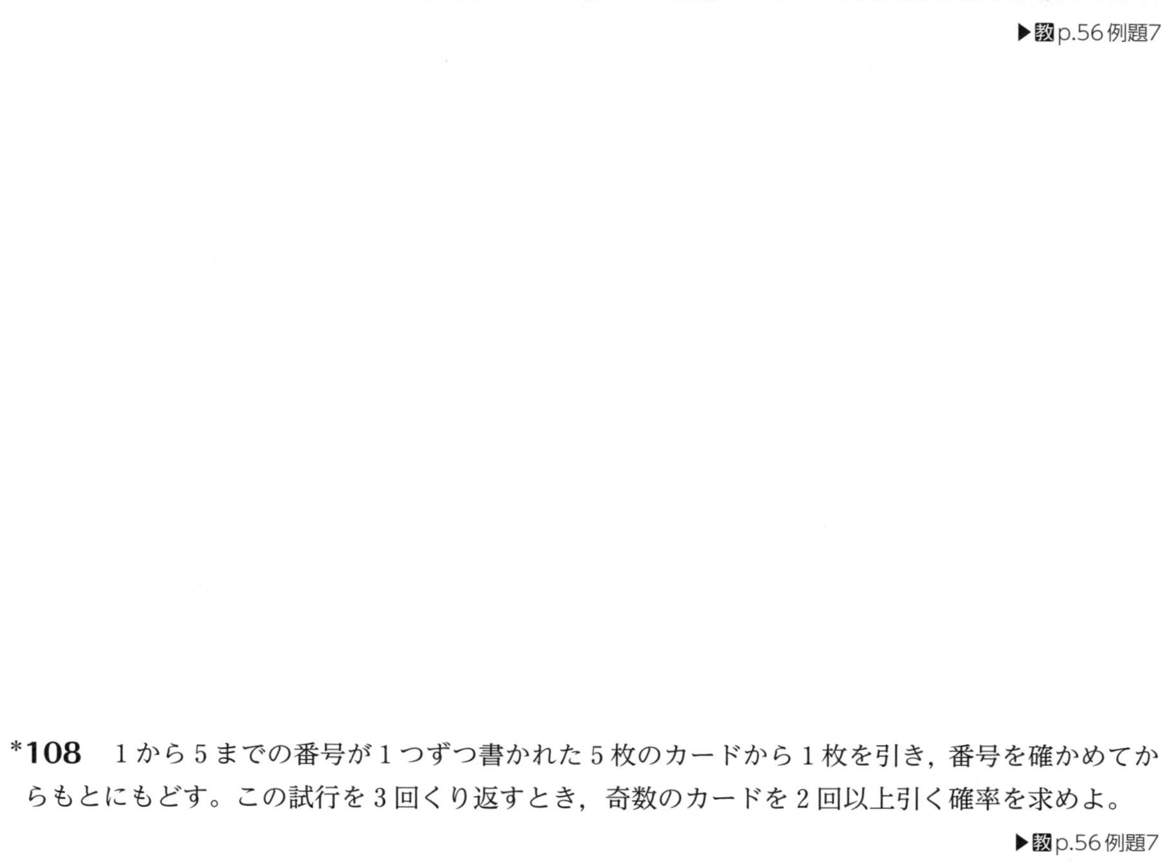

***108**　1 から 5 までの番号が 1 つずつ書かれた 5 枚のカードから 1 枚を引き，番号を確かめてからもとにもどす。この試行を 3 回くり返すとき，奇数のカードを 2 回以上引く確率を求めよ。

▶教 p.56 例題7

## SPIRAL B

*109　赤球 3 個，白球 2 個が入っている袋 A と，赤球 4 個，白球 3 個が入っている袋 B がある。A，B の袋から球を 1 個ずつ取り出すとき，次の確率を求めよ。

(1)　両方の袋から赤球を取り出す確率

(2)　一方の袋だけから赤球を取り出す確率

(3)　両方の袋から同じ色の球を取り出す確率

***110**　A，B の 2 チームが試合を行うとき，各試合で A チームが勝つ確率は $\frac{4}{5}$ であるという。この 2 チームが試合を 3 回行うとき，B チームが少なくとも 1 回勝つ確率を求めよ。ただし，引き分けはないものとする。

***111**　赤球 4 個，白球 2 個が入っている袋から 1 個の球を取り出して，球の色を確かめてからもとにもどす。この試行を 4 回くり返すとき，次の確率を求めよ。

(1)　赤球をちょうど 2 回取り出す確率

(2)　白球を 3 回以上取り出す確率

**112**　1 個のさいころを続けて 3 回投げるとき，3 以上の目が少なくとも 1 回出る確率を求めよ。

**113**　あるフィギュアスケートの選手は，10 回のうち 9 回ジャンプを成功させるという。この選手が 3 回ジャンプを行うとき，2 回以上失敗する確率を求めよ。ただし，3 回のジャンプは独立な試行であるとする。

***114**　A，B の 2 チームが試合を行うとき，各試合で A チームが勝つ確率は $\frac{3}{5}$ であるという。先に 3 勝した方を優勝とするとき，A が優勝する確率を求めよ。ただし，引き分けはないものとする。

## SPIRAL C

**115**　数直線上の原点の位置に点 P がある。点 P は，さいころを投げて出た目が 3 以上なら $+2$，2 以下なら $-3$ だけ動く。さいころを 6 回投げるとき，次の確率を求めよ。▶教 p.57 思考力✚

(1)　点 P の座標が $-8$ になる確率

(2)　点 P の座標が正の数になる確率

最大値の確率

**例題 5** 1個のさいころを続けて3回投げるとき，次の確率を求めよ。

(1) 3回とも5以下の目が出る確率

(2) 出る目の最大値が5である確率

**考え方** (1) 各回の試行は互いに独立である。

(2) 3回とも5以下の目が出る確率から，3回とも4以下の目が出る確率を引けばよい。

**解** (1) さいころを1回投げるとき，5以下の目が出る確率は $\frac{5}{6}$

各回の試行は互いに独立であるから，求める確率は

$$\left(\frac{5}{6}\right)^3=\mathbf{\frac{125}{216}}$$ 答

(2) (1)と同様に考えると，3回とも4以下の目が出る確率は

$$\left(\frac{4}{6}\right)^3=\frac{64}{216}$$

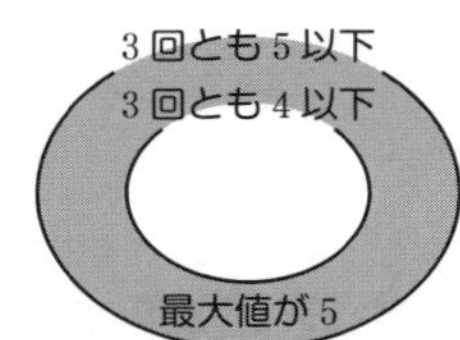


求める確率は，3回とも5以下の目が出る確率から，3回とも4以下の目が出る確率を引いて

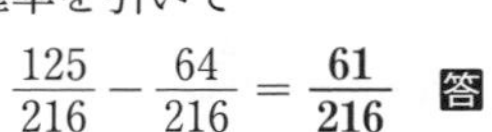

$$\frac{125}{216}-\frac{64}{216}=\mathbf{\frac{61}{216}}$$ 答

**116** 1個のさいころを続けて3回投げるとき，次の確率を求めよ。

(1) 3回とも4以下の目が出る確率

(2) 出る目の最大値が4である確率

**117** 1個のさいころを続けて3回投げるとき，次の確率を求めよ。

(1) 3回とも2以上の目が出る確率

(2) 出る目の最小値が2である確率

## 4 条件つき確率と乗法定理

### SPIRAL A

*118 右の表は，あるクラス 40 人の部活動への入部状況である。この中から 1 人の生徒を選ぶとき，その生徒が女子である事象を $A$，運動部に所属している事象を $B$ とする。次の確率を求めよ。 ▶教 p.59 例10

| | 男子 | 女子 |
|---|---|---|
| 運動部 | 14 | 9 |
| 文化部 | 6 | 11 |

(1) $P(A \cap B)$

(2) $P_A(B)$

(3) $P_B(A)$

***119** 1から9までの番号が1つずつ書かれた9枚のカードから，1枚ずつ2枚のカードを引く試行を考える。ただし，引いたカードはもとにもどさないものとする。この試行において，1枚目に奇数が出たとき，2枚目に偶数が出る条件つき確率を求めよ。 ▶教p.59例11

***120** 赤球3個，白球5個が入っている箱から，a，bの2人がこの順に球を1個ずつ取り出すとき，次の確率を求めよ。ただし，取り出した球はもとにもどさないものとする。 ▶教p.60例12

(1) 2人とも赤球を取り出す確率

(2) aが白球を取り出し，bが赤球を取り出す確率

***121**　1組52枚のトランプの中から1枚ずつ続けて2枚のカードを引くとき，1枚目にエース(A)，2枚目に絵札（J，Q，K）を引く確率を求めよ。ただし，引いたカードはもとにもどさないものとする。

▶教p.60例12

## SPIRAL B

***122**　袋の中に，1，2，3の番号のついた3個の赤球と，4，5，6，7の番号のついた4個の白球が入っている。この袋から球を1個取り出すとき，次の確率を求めよ。

(1)　偶数の番号のついた白球を取り出す確率

(2)　取り出した球が白球であるとき，その球に偶数の番号がついている確率

(3)　取り出した球に偶数の番号がついているとき，その球が白球である確率

**123**　4 本の当たりくじを含む 10 本のくじがある。a，b の 2 人がこの順にくじを 1 本ずつ引くとき，次の確率を求めよ。ただし，引いたくじはもとにもどさないものとする。

▶教 p.61 応用例題5

(1)　2 人とも当たる確率

(2)　b がはずれる確率

*__124__　1 組 52 枚のトランプの中から 1 枚ずつ続けて 2 枚のカードを引くとき，次の確率を求めよ。ただし，引いたカードはもとにもどさないものとする。

(1)　2 枚ともハートのカードを引く確率

(2)　2 枚目にハートのカードを引く確率

## SPIRAL C

**例題 6** 事後の確率

ある製品を製造する工場 a，b がある。この製品は，工場 a で 25％，工場 b で 75％ 製造されている。このうち，工場 a では 2％，工場 b では 3％の不良品が出るという。多くの製品の中から 1 個を取り出して検査をするとき，次の確率を求めよ。

(1) 取り出した製品が不良品である確率

(2) 取り出した製品が不良品であるとき，その製品が工場 b の製品である確率

**解** 取り出した 1 個の製品が，「工場 a の製品である」事象を $A$，「工場 b の製品である」事象を $B$，「不良品である」事象を $E$ とすると

$$P(A)=\frac{25}{100},\ P(B)=\frac{75}{100},\ P_A(E)=\frac{2}{100},\ P_B(E)=\frac{3}{100}$$

(1) 求める確率は

$$P(E)=P(A\cap E)+P(B\cap E)=P(A)P_A(E)+P(B)P_B(E)$$
$$=\frac{25}{100}\times\frac{2}{100}+\frac{75}{100}\times\frac{3}{100}=\boldsymbol{\frac{11}{400}}$$ 答

(2) 求める確率は $P_E(B)$ であるから

$$P_E(B)=\frac{P(E\cap B)}{P(E)}=\frac{P(B\cap E)}{P(E)}=\frac{P(B)P_B(E)}{P(E)}=\frac{75}{100}\times\frac{3}{100}\div\frac{11}{400}=\boldsymbol{\frac{9}{11}}$$ 答

**125** ある製品を製造する工場 a，b がある。この製品は，工場 a で 60％，工場 b で 40％ 製造されている。このうち，工場 a では 3％，工場 b では 4％ の不良品が出るという。多くの製品の中から 1 個を取り出して検査をするとき，次の確率を求めよ。

(1) 取り出した製品が不良品である確率

(2) 取り出した製品が不良品であるとき，その製品が工場 a の製品である確率

## 5 期待値

### SPIRAL A

**126** 1, 3, 5, 7, 9 の数が 1 つずつ書かれた 5 枚のカードから 1 枚のカードを引くとき，引いたカードに書かれた数の期待値を求めよ。 ▶教p.63例13

**127** 1 枚の硬貨を続けて 3 回投げるとき，表が出る回数の期待値を求めよ。 ▶教p.63例13

**128** 賞金の当たる確率が，次の表のようなくじがある。このくじを 1 本引くとき，当たる賞金の期待値を求めよ。

| 賞金 | 1000 円 | 500 円 | 100 円 | 10 円 | 計 |
|---|---|---|---|---|---|
| 確率 | $\frac{1}{50}$ | $\frac{3}{50}$ | $\frac{11}{50}$ | $\frac{35}{50}$ | 1 |

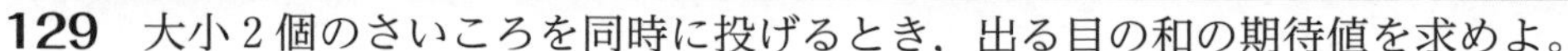


129　大小 2 個のさいころを同時に投げるとき，出る目の和の期待値を求めよ。

130　赤球 3 個と白球 2 個が入った袋から，3 個の球を同時に取り出し，取り出した赤球 1 個につき 500 点がもらえるゲームを行う。1 回のゲームでもらえる点数の期待値を求めよ。

▶教p.64 例題8

131　1 個のさいころを続けて 4 回投げるとき，5 以上の目が出る回数の期待値を求めよ。

## 解答

**1** (1) $3 \in A$ (2) $6 \notin A$ (3) $11 \notin A$

**2** (1) $A=\{1,\ 2,\ 3,\ 4,\ 6,\ 12\}$

(2) $B=\{-2,\ -1,\ 0,\ 1,\ \cdots\cdots\}$

**3** (1) $A \subset B$ (2) $A=B$ (3) $A \supset B$

**4** (1) $\varnothing$, $\{3\}$, $\{5\}$, $\{3,\ 5\}$

(2) $\varnothing$, $\{2\}$, $\{4\}$, $\{6\}$, $\{2,\ 4\}$, $\{2,\ 6\}$, $\{4,\ 6\}$, $\{2,\ 4,\ 6\}$

(3) $\varnothing$, $\{a\}$, $\{b\}$, $\{c\}$, $\{d\}$, $\{a,\ b\}$, $\{a,\ c\}$, $\{a,\ d\}$, $\{b,\ c\}$, $\{b,\ d\}$, $\{c,\ d\}$, $\{a,\ b,\ c\}$, $\{a,\ b,\ d\}$, $\{a,\ c,\ d\}$, $\{b,\ c,\ d\}$, $\{a,\ b,\ c,\ d\}$

**5** (1) $\{3,\ 5,\ 7\}$

(2) $\{1,\ 2,\ 3,\ 5,\ 7\}$

(3) $\{2,\ 3,\ 4,\ 5,\ 7\}$

(4) $\varnothing$

**6** (1) $A \cap B=\{x \mid -1<x<4$, $x$ は実数$\}$

(2) $A \cup B=\{x \mid -3<x<6$, $x$ は実数$\}$

**7** (1) $\{7,\ 8,\ 9,\ 10\}$

(2) $\{1,\ 2,\ 3,\ 4,\ 9,\ 10\}$

**8** (1) $\{2,\ 4,\ 5,\ 6,\ 7,\ 8,\ 9,\ 10\}$

(2) $\{4,\ 8,\ 10\}$

(3) $\{1,\ 2,\ 3,\ 4,\ 6,\ 8,\ 10\}$

(4) $\{5,\ 7,\ 9\}$

**9** (1) $A=\{2,\ 4,\ 6,\ 8,\ 10,\ 12,\ 14,\ 16,\ 18\}$

(2) $A=\{0,\ 1,\ 4\}$

**10** (1) $A \cap B=\{4,\ 8\}$
$A \cup B=\{2,\ 4,\ 6,\ 8\}$

(2) $A \cap B=\varnothing$
$A \cup B=\{2,\ 3,\ 5,\ 6,\ 8,\ 9,\ 11,\ 12,\ 14,\ 15,\ 17,\ 18\}$

**11** (1) $\{10,\ 11,\ 13,\ 14,\ 16,\ 17,\ 19,\ 20\}$

(2) $\{15\}$

(3) $\{10,\ 20\}$

(4) $\{10,\ 11,\ 12,\ 13,\ 14,\ 16,\ 17,\ 18,\ 19,\ 20\}$

**12** (1) 10 (2) 11

**13** 7

**14** (1) 5個 (2) 20個

**15** (1) 70個 (2) 74個

**16** (1) 33 (2) 25

(3) 8 (4) 50

**17** (1) 87人 (2) 13人

**18** 31

**19** 5

**20** (1) 72 (2) 14 (3) 72

**21** (1) 12個 (2) 71個

**22** 148人

**23** 215個

**24** $8 \leqq x \leqq 23$

**25** 18通り

**26** 15通り

**27** 6通り

**28** (1) 12通り (2) 21通り

**29** 12通り

**30** 15通り

**31** 20通り

**32** (1) 45通り (2) 27通り

**33** 54通り

**34** (1) 12項 (2) 24項

**35** (1) 125個 (2) 100個

**36** (1) 27通り (2) 108通り

(3) 20通り

**37** (1) 12通り (2) 12通り

**38** 45通り

**39** (1) 4個 (2) 12個

(3) 16個 (4) 24個

**40** (1) 12 (2) 120

(3) 720 (4) 7

**41** 60通り

**42** 3024通り

**43** (1) 132通り (2) 504通り

(3) 11880通り

**44** 120通り

**45** (1) 60通り (2) 180通り

**46** 720通り

**47** (1) 64通り (2) 9通り

(3) 243通り

**48** (1) 180通り (2) 75通り

(3) 105通り (4) 55通り

**49** (1) 288通り (2) 144通り

(3) 480通り

**50** (1) 720通り (2) 48通り

(3) 240通り

**51** 192通り

**52** (1) 120通り (2) 48通り

(3) 24通り

**53** 30通り

**54** (1) 10 (2) 20

(3) 8 (4) 1

**55** (1) 252通り (2) 495通り

**56** (1) 28 (2) 10
(3) 66 (4) 364

**57** (1) 10個 (2) 5本

**58** 210通り

**59** (1) 210通り (2) 420通り

**60** 28試合

**61** 3240通り

**62** (1) 350通り (2) 330通り
(3) 771通り

**63** (1) 70通り (2) 105通り
(3) 280通り (4) 280通り
(5) 280通り

**64** (1) 60通り (2) 18通り

**65** (1) 462通り (2) 150通り
(3) 210通り (4) 252通り
(5) 60通り

**66** 315個

**67** 360通り

**68** 362通り

**69** (1) 7個 (2) 21個 (3) 7個

**70** 84通り

**71** (1) 28通り (2) 10通り

**72** (1) 36組 (2) 15組

**73** 全事象 $U=\{1, 2, 3, 4, 5\}$
根元事象 $\{1\}$, $\{2\}$, $\{3\}$, $\{4\}$, $\{5\}$

**74** (1) $\frac{1}{3}$ (2) $\frac{2}{3}$

**75** (1) $\frac{1}{3}$ (2) $\frac{7}{90}$

**76** $\frac{5}{8}$

**77** $\frac{1}{4}$

**78** (1) $\frac{1}{8}$ (2) $\frac{3}{8}$

**79** (1) $\frac{1}{9}$ (2) $\frac{5}{12}$

**80** $\frac{1}{120}$

**81** $\frac{1}{4}$

**82** (1) $\frac{4}{35}$ (2) $\frac{18}{35}$

**83** (1) $\frac{1}{15}$ (2) $\frac{7}{15}$

**84** (1) $\frac{1}{216}$ (2) $\frac{5}{9}$
(3) $\frac{1}{8}$ (4) $\frac{1}{8}$

**85** (1) $\frac{1}{15}$ (2) $\frac{1}{3}$ (3) $\frac{2}{5}$

**86** (1) $\frac{1}{35}$ (2) $\frac{2}{7}$ (3) $\frac{1}{7}$

**87** (1) $\frac{2}{7}$ (2) $\frac{1}{7}$

**88** $\frac{5}{16}$

**89** $A\cap B=\{2\}$
$A\cup B=\{2, 3, 4, 5, 6\}$

**90** $B$ と $C$

**91** (1) $\frac{3}{20}$ (2) $\frac{7}{10}$

**92** $\frac{1}{3}$

**93** $\frac{11}{56}$

**94** $\frac{4}{5}$

**95** $\frac{33}{100}$

**96** (1) $\frac{3}{52}$ (2) $\frac{11}{26}$

**97** (1) $\frac{13}{25}$ (2) $\frac{17}{50}$ (3) $\frac{17}{50}$

**98** $\frac{20}{21}$

**99** $\frac{5}{11}$

**100** $\frac{1}{3}$

**101** (1) $\frac{1}{10}$ (2) $\frac{19}{20}$

**102** $\frac{1}{3}$

**103** (1) $\frac{1}{18}$ (2) $\frac{2}{9}$

**104** $\frac{4}{9}$

**105** $\frac{15}{64}$

**106** $\frac{8}{27}$

**107** $\frac{11}{243}$

**108** $\frac{81}{125}$

**109** (1) $\frac{12}{35}$ (2) $\frac{17}{35}$ (3) $\frac{18}{35}$

**110** $\frac{61}{125}$

**111** (1) $\frac{8}{27}$　(2) $\frac{1}{9}$

**112** $\frac{26}{27}$

**113** $\frac{7}{250}$

**114** $\frac{2133}{3125}$

**115** (1) $\frac{20}{243}$　(2) $\frac{496}{729}$

**116** (1) $\frac{8}{27}$　(2) $\frac{37}{216}$

**117** (1) $\frac{125}{216}$　(2) $\frac{61}{216}$

**118** (1) $\frac{9}{40}$　(2) $\frac{9}{20}$　(3) $\frac{9}{23}$

**119** $\frac{1}{2}$

**120** (1) $\frac{3}{28}$　(2) $\frac{15}{56}$

**121** $\frac{4}{221}$

**122** (1) $\frac{2}{7}$　(2) $\frac{1}{2}$　(3) $\frac{2}{3}$

**123** (1) $\frac{2}{15}$　(2) $\frac{3}{5}$

**124** (1) $\frac{1}{17}$　(2) $\frac{1}{4}$

**125** (1) $\frac{17}{500}$　(2) $\frac{9}{17}$

**126** 5

**127** $\frac{3}{2}$ 回

**128** 79 円

**129** 7

**130** 900 点

**131** $\frac{4}{3}$ 回

スパイラル数学A学習ノート
場合の数と確率

●編　者　実教出版編修部
●発行者　小田　良次
●印刷所　寿印刷株式会社

●発行所　実教出版株式会社
〒102-8377
東京都千代田区五番町5
電話＜営業＞(03)3238-7777
＜編修＞(03)3238-7785
＜総務＞(03)3238-7700
https://www.jikkyo.co.jp/

002402022　ISBN 978-4-407-36021-9